◀ 루팡
셜록의 라이벌. 본격적인 현상금 사냥꾼으로서의 새로운 인생을 살게 된다.

▲ 이과인   ▲ 레이첼
생활비를 벌기 위해 현상금을 노리고 결성된 바운티 헌터스의 두 멤버.

▲ 나으뜸
SS그룹의 후계자로, 세계 정복을 꿈꾼다.

▲ 담임 선생님
셜록네 반의 담임 선생님. 청혼을 하려고 반지를 샀으나 반지를 잃어버리고 말았다.

지난 줄거리

셜록을 좋아하는 외계 소녀, 레나가 나타났다! 레나는 매일 밤, 외계에서 있었던 일을 꿈꾸면서 아침마다 눈물을 흘리며 일어났다. 등굣길에 셜록의 도움을 받은 레나는 다시 한번 셜록에게 반하게 되고, 셜록에게 줄 생일 선물을 준비했다. 다음날, 셜록과 친구들은 셜록의 자리에 있던 선물 상자를 기쁜 마음으로 열었으나 그것은 검은 잉크가 가득 차 있던 폭탄이었다. 화가 난 레인저 탐정단은 범인을 추리하던 중에 검은 잉크 자국을 따라 어느 창고에 도착하였다. 창고에서 주물 공장의 흔적을 발견한 레인저 탐정단은 다음 날, 주물 공장으로 향했고 범인이 파 놓은 함정에 걸리고 말았다. 절체절명의 위기의 순간! 레나는 초능력을 발휘해 셜록 일행을 구했다. 마침내 예전의 기억을 떠올린 레나는 레이첼을 찾아가 자신이 레이첼의 동생임을 밝히는데……．

차례

수학 탐정 셜록

17권

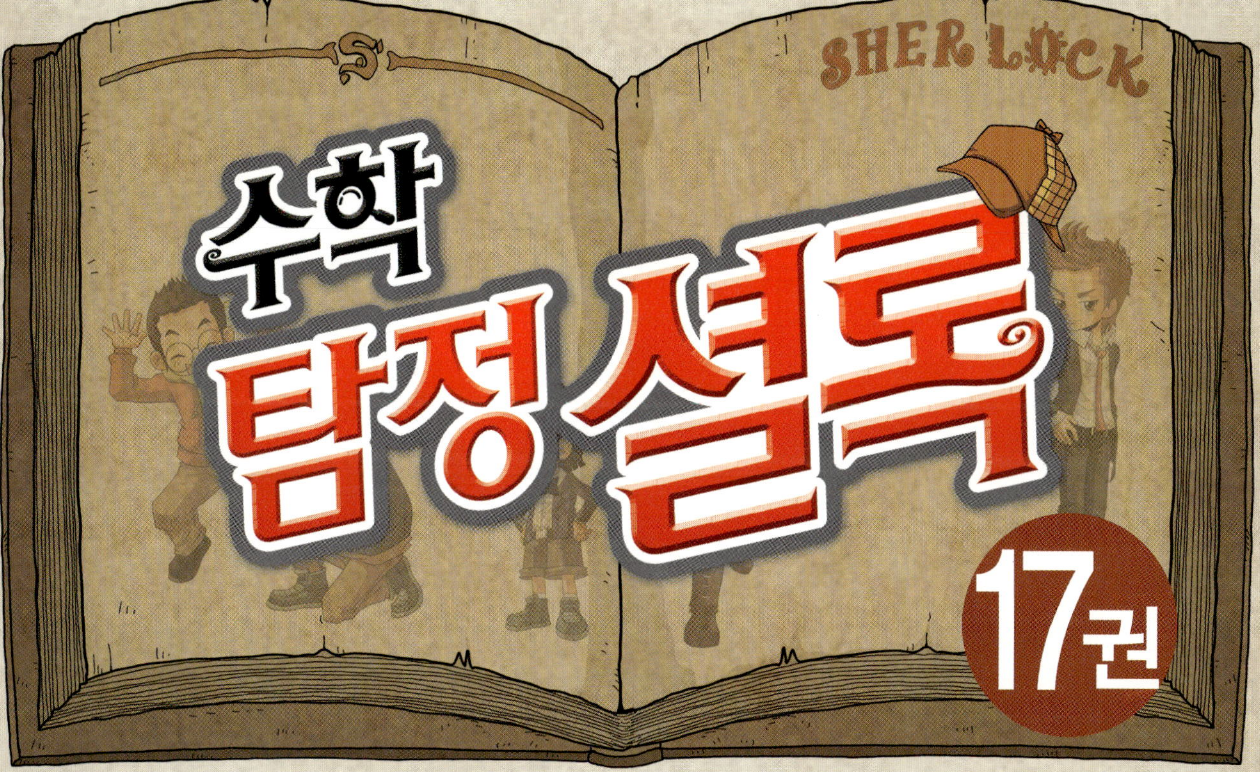

이 만화의 주인공은 셜록입니다.
셜록은 역사상 가장 유명한 탐정소설 시리즈인
셜록 홈즈(Sherlock Holmes)에서 그 이름을 쓴 것이랍니다.
영국의 아서 코난 도일이 쓴 이 추리 소설은 영국을 무대로 한 흥미진진하고 스릴 넘치는 소설이며
처음 발간된 지 100년이 훨씬 더 지났지만 아직도 전 세계의 수많은 사람들이 읽고 있습니다.

셜록의 라이벌로 등장하는 의문의 우주 소년 루팡은 역시 홈즈와 같은 시대에 발표되어
인기를 누렸던 프랑스의 모험 추리 소설인 모리스 르블랑의 **아르센 뤼팽**(Arsène Lupin)에서 이름을
지었습니다. 재미있게도 셜록은 범인을 잡는 탐정이지만 루팡은 도둑입니다.
별명이 '괴도 루팡'인데 이것은 괴상한 도둑이란 뜻입니다.

이 만화에서 또 한 명의 유명 인사가 등장하는데 그녀가 바로 애거서입니다.
애거서는 위의 두 캐릭터처럼 소설 속의 등장 인물이 아닌 실제 소설가의 이름을 빌려 왔습니다.
영국의 추리 소설 작가인 **애거서 크리스티**(Agatha Christie, 1890년~1976년)는
추리 소설의 여왕으로 존경 받고 있습니다. 그녀의 소설 속의 명탐정은 '에르퀼 푸아로'입니다.
셜록 홈즈 못지않은 실력의 명탐정이랍니다. 하지만 아쉽게도 이 만화에는 등장을 하지 않습니다.

자, 이 세 명의 주인공들이 펼치는 흥미진진하고
손에 땀을 쥐게 하는 모험과 스릴의 세계로 떠나 볼까요?

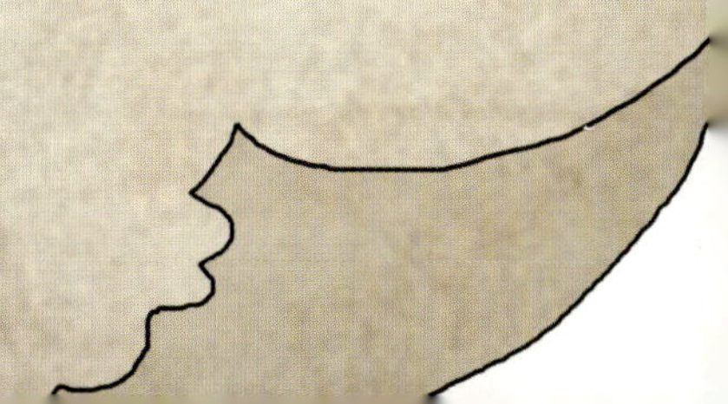

등장 인물

▶ 셜록
레인저 탐정단의 리더. 활발하고 긍정적인 성격이며 이 만화의 주인공이다.

◀ 왓슨
셜록의 단짝 친구. 방귀 문제로 고민을 하던 왓슨에게 운명의 짝, 스칼렛이 나타났다.

▲ 스칼렛
자신이 드라큘라라고 믿는 소녀. 레인저 탐정단에 새로 들어왔다. 심한 축농증을 앓고 있다.

▲ 애거서
레인저 탐정단의 꽃. 셜록에게 자신이 좋아하는 마음을 본격적으로 드러내고 있는 중이다.

17권 비율 그래프
프러포즈 대작전
[비율 그래프] 학습 내용
비율 그래프는 전체에 대한 각 부분의 비율을 띠 모양이나 원 모양으로 나타낸 것입니다. 띠그래프는 전체에 대한 각 부분의 비율을 띠 모양으로 나타낸 것으로 그리기 쉽고 길이 감각을 이용하여 자료의 크기를 비교하기 쉽습니다. 원그래프는 중심각의 크기를 이용하여 전체에 대한 각 부분의 비율을 원 모양으로 나타낸 것으로 전체와 부분, 부분과 부분 사이의 비율을 한눈에 알아보기 쉽습니다.
학생들이 주어진 자료나 조사한 자료를 백분율로 나타낸 다음 띠그래프 또는 원그래프로 나타내는 활동을 하게 합니다. 특히 학생들 스스로 띠그래프 또는 원그래프의 특성을 알고 상황에 맞게 적절히 활용하려는 태도를 가질 수 있게 합니다.

제 1 화
수상한 의뢰인

흐아아암~ 이렇게
이른 아침부터
사건이라니…….
무슨 사건이야?
하~품
빨리 와. 빨리~

방 긋

저 웃음... 불안한데

사실은
내가 아직
수학 문제
를 다 못
풀었거든.
설
마?

응, 맞아. 수학
문제 푸는 것
좀 도와줘.

그건 네가 받은 벌칙이었잖아. 스스로의 힘으로 해결해야지.
에이~ 친구 좋다는 게 뭐냐?
능글능글

왓슨 하면 의리! 의리의 사나이, 왓슨!

헤헤헤~ 맞아. 그렇지. 의리하면 나, 왓슨이지.
좋았어!
꽉

그럼 얼른 끝내고 한숨 자자.
멈칫
드륵
앗! 맞다!

네가 사건이 일어났다고 해서 다른 애들에게도 다 연락했어.

8

*의뢰인: 남에게 어떤 일을 맡긴 사람.

늦었군. 의뢰인을
한참 동안 기다리게 하다니
탐정으로서 *실격이다.

사건 의뢰를
하러 왔다.

쓰레기통을 왜
뒤집어썼지?

음~ 그러니까 사건
의뢰인이시라고요?

대체
누구지?

*감정: 사물의 특성이나 참과 거짓을 구분하여 판정함.

내가 당신들에게
맡길 사건은······.
잠깐!
JEWEL

일단 얼굴을 보여 주신
다음 말씀해 주시죠.
시, 싫다.
JEWEL

선생님이신 거
다 아니까 이제
그만 쓰레기통을
벗으셔도 돼요.
무, 무슨
소리야?!

설마 진짜 우리
선생님이세요?
난 그런 사람
아니야.
EX

*시치미: 알고도 모르는 체하는 태도.

조
용
JEWEL

수업 시간에는 매일 졸더니만 괜히 탐정이 아니구나.
스윽

아니, 설마 진짜로 선생님일 줄이야!
크헉~ 냄새를 참느라 무진장 힘들었어.

그러니까 사건의 시작은……. 응?
툭

바나나 껍질이잖아?

이 녀석들아 교실에서 간식 먹지 말랬지?!
이런 건 집에서 먹어! 교실에서 먹지 말고!
움찔
맞네. 역시 우리 선생님이었어.

에이~ 선생님, 지금 그게 문제가 아니잖아요.
능글 능글
아차!

흠흠~ 그 사건의 시작은 정확히 어제부터였다.
♪

어머~ 이 반지 좀 보세요. 정말 너무 예쁘지 않아요?

나도 저런 반지 좀 받아 봤으면…….

설마 결혼?
반지 = 결혼

아, 저 음식점의 파스타가 맛있대요. 점심은 저기서 맛나게 먹어요.
파스타
P
마침 배가 고팠는데~ 당신은 센스쟁이예요.
오소소..

갑자기 소름이……. 배가 고프시다니 일단 얼른 가도록 하죠.
푹..
네.

아까 그 반지를 사야겠어!

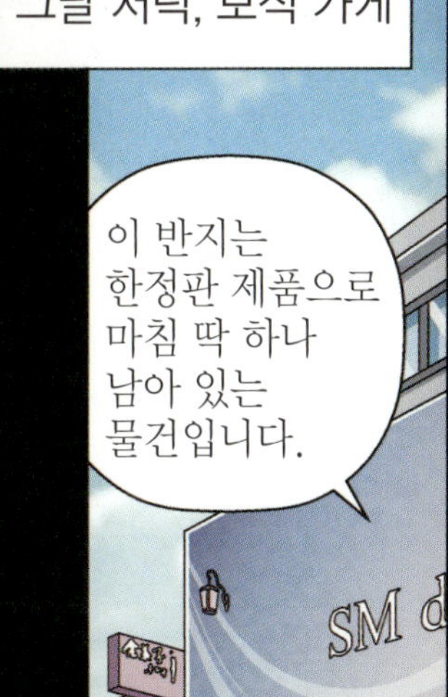

그날 저녁, 보석 가게
이 반지는 한정판 제품으로 마침 딱 하나 남아 있는 물건입니다.
SM d

7,000,000
크헉..
비싸다!

계산해 주세요. 포장도 예쁘게 해 주시고요.
탁월한 선택 이십니다.
방긋

손님, 계산 안 하실 건가요?
하아~ 무이자 12개월 할부로 계산해도 될까요?
물론입니다.
탁
안녕히 가세요.

부들부들
이제 문제는 이 반지를 어떻게 전해 줘야 하냐는 건데······.

실패는 절대 안 돼! 그러려면 완벽한 이벤트가 필요해!

이벤트
끙끙

고민하느라 밤새
한숨도 못 잤네.
이벤트
이벤트
덜컹

쑥

벌컥
벌컥
폽! 짜!
간장이잖아?!

끄으응~ 이이이이베에에에엔트으!

아주 기발하고, 획기적이고,
참신하며, 깜짝 놀라고, 감동적인
그런 이벤트 아이디어가
어디 없을까? 뭐가 있을까?
이벤트
이벤트
이벤트
벤트
이벤트
벤트

퐁당
하아~
힐끔

아무리 생각해 봐도
좋은 생각이 안 나.
산책을 하면서
좀 더 생각해
봐야겠어.

틱
어떻게 하면
좋을까?
이벤트
이벤트
이벤트
이벤트
어가적
어기적
탕
반짝

그러고 나서 집에 돌아 갔을 때는 이미 반지가 사라지고 난 뒤였다.
그렇다면 선생님의 의뢰는 반지를 찾아 달라는 건가요?

끄덕

크헉~ 결국은 반지를 못 찾아서 평생 노총각 신세로구나.
휑

평생 노총각이라니! 절대 그런 일이 있어서는 안 돼!!
벌떡

내가 장가가는 것을 방해하는 무리가 있는 게 분명해!
휙

너희들의 임무는 내 반지를 훔쳐 간 범인을 찾아 그 음모를 막는 거다!

에이~ 선생님이 솔직히 여자 분들한테 인기가 있는 것도 아니고 누가 그런 쓸데없는 짓을 해요?
떡
크헉!

쾅
아무도 관심 없을 거예요.
아무리 생각해 봐도 누군가 선생님의 반지를 훔쳐 갔을 것 같지는 않아요.
큭!
쾅

아닙니다. 선생님, 이 나으뜸은 선생님의 말씀을 믿습니다.
불쑥

벌떡
역시 나한텐 으뜸이밖에 없구나.

분명 선생님 말씀대로 누군가 선생님이 장가가시는 것을 방해하는 무리가 있는 것 같습니다.

반드시 제가 그 악당들의 음모를 파헤쳐서 선생님의 반지를 꼭 찾아다 드리겠습니다.

역시 진정한 내 제자는 으뜸이, 너뿐이로구나.

으뜸아~ 이리 와.

선생님~
와락

이 못된 제자들 같으니!
선생님이 장가를 가겠다는데 도와주지도 않다니!
홱

혹시 선생님께서 청소 한다고 치워 두고서 깜박하신 건 아닐까요?

맞아요. 저도 그런 경우 많거든요. 꼭 잘 치운다고 어딘가에 넣어 두고서 깜박할 때가 많더라고요.

헤헤~ 저도 그런 적 많은데. 아마 집에 있을 거예요.

아니야. 그럴 리 없어. 절대 아니야.
이 자료를 보시면 애거서와 스칼렛의 말이 맞다는 것을 아실 거예요.

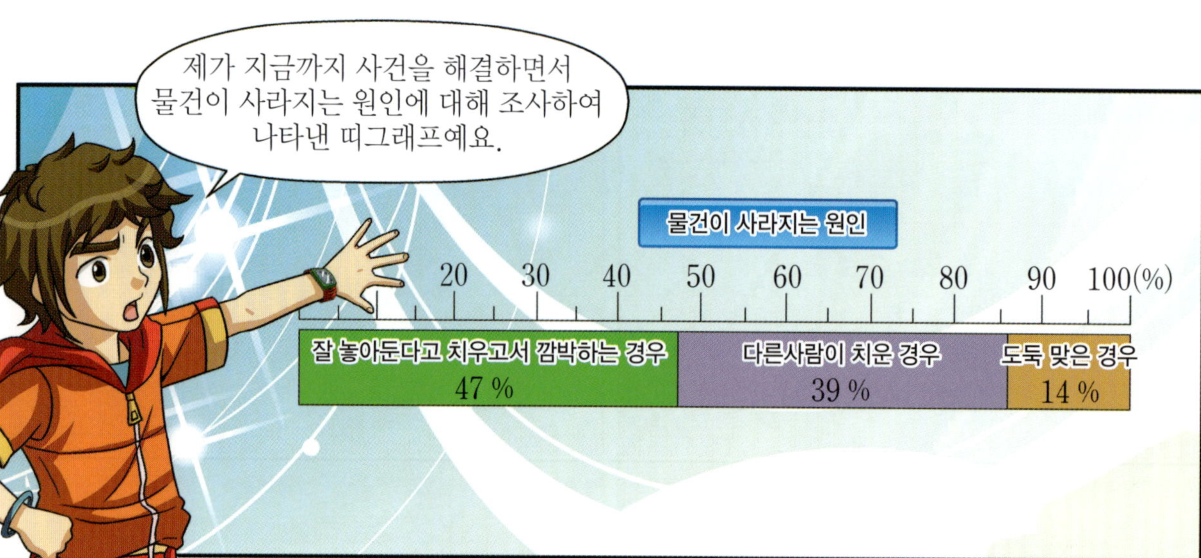

제가 지금까지 사건을 해결하면서 물건이 사라지는 원인에 대해 조사하여 나타낸 띠그래프예요.
물건이 사라지는 원인
20   30   40   50   60   70   80   90   100(%)
잘 놓아둔다고 치우고서 깜박하는 경우
47 %
다른사람이 치운 경우
39 %
도둑 맞은 경우
14 %

제일 높은 비율을 차지하는 항목이 바로 잘 놓아둔다고 치우고서 깜빡하는 경우구나.
물건을 누군가 훔쳐 갔을 경우는 14 % 밖에 안 되는구나.

내 경우가 14 %에 해당 될 수도 있다. 가능성이 조금이라도 있으면 무시하면 안 돼.

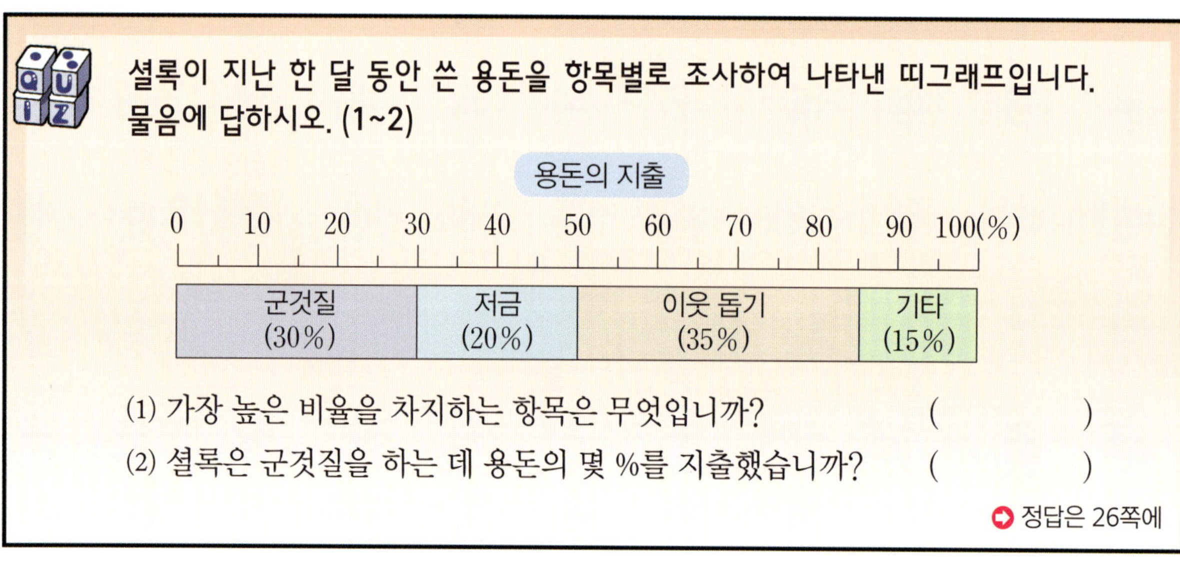

셜록이 지난 한 달 동안 쓴 용돈을 항목별로 조사하여 나타낸 띠그래프입니다. 물음에 답하시오. (1~2)
용돈의 지출
0   10   20   30   40   50   60   70   80   90   100(%)
군것질
(30 %)
저금
(20 %)
이웃 돕기
(35 %)
기타
(15 %)
(1) 가장 높은 비율을 차지하는 항목은 무엇입니까? (   )
(2) 셜록은 군것질을 하는 데 용돈의 몇 %를 지출했습니까? (   )
정답은 26쪽에

반지가 사라진 뒤로
방을 샅샅이 뒤졌지만 반지는
나오지 않았다.
누군가 일부러 내 반지를
가져간 게 틀림없어.

전 선생님의 말씀을
믿어요. 분명히 거대한
악의 무리가 반지를
훔쳐간 거예요.

레인저 탐정단, 너희들에게
정식으로 이 사건을
의뢰하겠어.

감쪽같이
사라진
내 반지를 찾아
내가 *청혼에 성공할
수 있게 꼭 좀
도와다오.

원래 이런 시시한 의뢰는
안 받는데······.
빠직
크흑~
이 방법만은
사용하지 않으려
했는데······.

*청혼: 결혼하기를 청함.

 Quiz 정답 (1) 이웃 돕기 (2) 30 %

레인저 탐정단, 드디어 출동!

띠리리리리리
우선 사건 현장부터 조사하러 가자.

모두 잠깐!

탐정 놀이는 수업 끝나고 시작하자!
뿌~욱
네~
예~

쉬는 시간, 교실
와글
와글

셜록은 조는
모습도 멋지구나.

흠칫

벌떡
셜록이
갑자기 왜 저러지?
무서운 꿈을
꿨나 봐.

나도 무서운 꿈을 꾸고 싶어. 그럼 정말 신날 텐데. 호호~
그, 그러니?

왜 내 주위에는 평범한 애들이 없는 걸까?

불쑥.
설마 선생님이 저 복장으로 오신 건가?

샤 샤 샥

살금 살금

불쑥

움
찔

덜컹
덜컹
꿈틀
꿈틀
그게, 그러니까……
셜록, 열심히 잘 조사하고 있지?
난 항상 널 지켜보고 있다.

다 다다다 다
설마 내 의뢰는 해결하지 않고 딴짓을 한 거냐?!
왜 도망을 가는 거지?

그거야 선생님께서 그렇게 수상한 모습으로 오시니까 그렇죠!

내가 뭘? 평범하기 만한데!
탐정은 원래 바바리코트와 중절모를 쓰고 다니잖아!

절대 그렇지 않거든요!

아니면 말고! 내가 도와 줄 일은 없는 거니?!
질문할 게 있어요! 최근에 수상한 사람을 본 적 있으셨나요?!
탁
탁
다 다 다
다
탁
탁
탁

음~ 어디 보자.

아! 우리 집 맞은편의 편의점 직원이 수상해!
편의점에 물건을 사러 가면 계속 노려보더라고!
다 다 다
다 다 다

다 다 다
다 다
혁혁혁~ 그리고요?
혁혁~ 아이고, 힘들다. 그 외에는 없는데?!
도대체 뭐하는 건지…….

그 대화를 꼭 달리면서 해야 하는 이유라도 있나요?
갸우뚱

멈칫

허억~ 우리가 왜 뛰고 있었지?
굼적
굼적

에고~ 힘들어. 몰라요! 다 선생님 때문이에요!
털썩

운동하는 모습도 멋져.
어떻게 셜록은 모든 게
다 멋지지?

레나야!

레나라고?

언제부터 있었던
거야?
흐음~
우리 기다리고
있었던 거야?

아이고~
예뻐 죽겠어.
부비
부비

레나야, 오늘 언니네
집에 갈래?
응, 좋아.
끄덕

방과 후, 루팡의 은신처

활
짝
자~ 여기가 우리가
살고 있는 곳이야.

어서 오세요. 저희 집에
오신 걸 환영합니다.
와아~
멋지다.

아, 안녕~
또 만나서 반가워.

음료수 좀 줄까?
뭐 마실래?
괜찮은데.

어머나~ 호호호~ 요새 아르바이트를 못했더니 먹을 게 없네!

터
엉
이럴 수가! 냉장고가 텅텅 비었잖아!
허억~ 우린 뭐 먹은 적도 없는데!

루팡, 도대체 이게 어떻게 된 일이야?
요새 사건 해결을 제대로 못했더니…….

그거야 요새 일이 좀 없는 것뿐이고, 그동안 벌었던 거 저축하지 않았어? 어떻게 된 거야?

저축할 돈이 어디 있어요? 현상금을 받으면 모조리 식비로 다 나가 버리는데.

캉

누군가 조금만 적게 먹어도 충분히 저축할 수 있어요.
퍼억
끄아아~

이과인, 살려어어~!
그러게 미리 좀 조용히 하지?
툭 툭

레나야, 미안해서 어쩌지?
괜찮아, 언니. 그런데 생활비가 많이 부족해?
낑 낑

나 저금해 둔 거 좀 있는데…….
풍
꺄악~ 역시 내 동생! 진짜 천사라니까!
와락
레나 님은 정말 누구와는 다르게 착하시군요.

찌릿
어디 새로운 의뢰가 있나 찾아볼까?

쯧쯧, 레이첼 누나를 이기려 하다니……. 한참 멀었어, 이과인.
크흑~ 내가 너무 불쌍해.
팅

괜찮아. 우리도 사실은 조그만 일을 하고 있거든.
조그만 일?

어떤 일을 말하는 거야? 초등학생은 아르바이트를 안 시켜 주잖아.
갸우뚱

우리 루팡은 최고의 명탐정이거든.
켁! 누, 누나 숨 막혀!

우리는 의뢰 받은 사건을 해결해서 현상금을 받아 생활하고 있어.
켁켁

참, 말 나온 김에 새로운 사건 의뢰가 있나 찾아 줘.
벌써 찾고 있었습니다.

탁
타닥
탁

탁
타닥

어? 언니. 여기에 잃어버린 애완동물을 찾아 달라는 의뢰가 있어.

가족 같은 애완동물을 잃어 버려서 얼마나 슬플까?

언니, 우리가 잃어버린 애완동물을 찾아 주면 안 될까?
물론 안 될 건 없지. 그런데 우리라고? 같이 하자고?

응, 나도 같이 하고 싶어.
레나, 너도 같이 하겠다고?

은근히 위험한 일인데……
언니를 도와 주고 싶어.

네 착한 마음씨가 감동적이야.

좋아! 넌 내 동생이니까 특별히 끼워 줄게!
와아!

저기요, 우리 의견은?
내가 정했는데 무슨 의견이 필요해?
끄떡

아닙니다.
휙
휙

그럼 우선 레나에게 멋진 이름이 필요하겠군요.
맞아, 그렇지.
탁

음~ 어떤 이름이 좋을까?
갸
웃

그래! 그거야.
딱

이제부터 너는 우리 바운티 헌터스의 행운을 가져오는 마스코트M이야!
내가 마스코트M?

*일원: 단체에 소속된 한 구성원.

띠그래프 알아보기

퀴즈 1

설록네 학교 학생 100명이 벼룩 시장에 1개씩 내놓은 물건을 조사하여 나타낸 표입니다. 물음에 답하시오.

내놓은 물건

물건	책	학용품	옷	장난감	합계
학생 수	35	25	30	10	100

(1) 전체 학생 수에 대한 각 물건을 내놓은 학생 수의 백분율을 각각 구하시오.

책: $\dfrac{35}{100} \times 100 = \boxed{}$ (%)

학용품: $\dfrac{25}{100} \times 100 = \boxed{}$ (%)

옷: $\dfrac{30}{100} \times 100 = \boxed{}$ (%)

장난감: $\dfrac{10}{100} \times 100 = \boxed{}$ (%)

(2) (1)에서 구한 백분율을 활용하여 띠그래프를 그려 보시오.

내놓은 물건

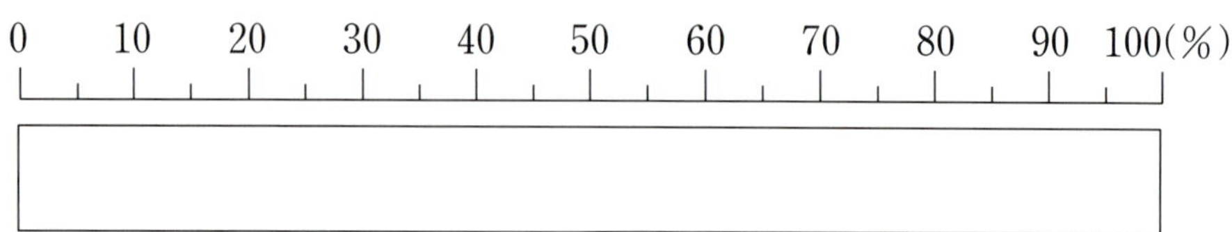

애거서네 반 학생들의 윗몸 일으키기 등급을 조사하여 나타낸 띠그래프입니다. 물음에 답하시오.

윗몸 일으키기 등급

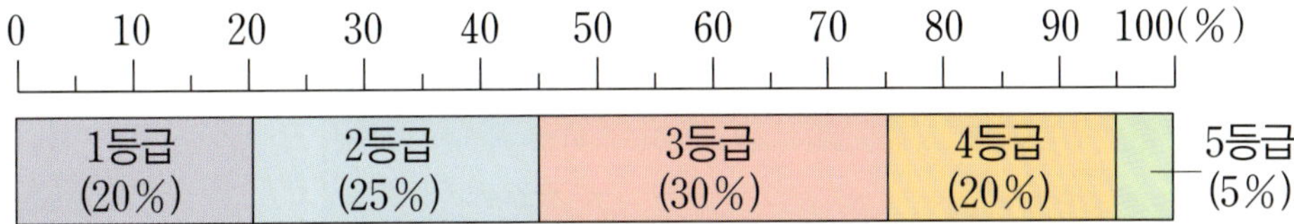

(1) 가장 높은 비율을 차지하는 등급은 무엇입니까?

(   )

(2) 윗몸 일으키기 등급이 2등급인 학생 수는 5등급인 학생 수의 몇 배입니까?

(   )

(3) 윗몸 일으키기 등급이 1등급인 학생이 12명이라면 셜록네 반 학생은 모두 몇 명입니까?

(   )

제 2 화
오리무중에 빠진 사건

*습성: 습관이 되어 버린 성질.

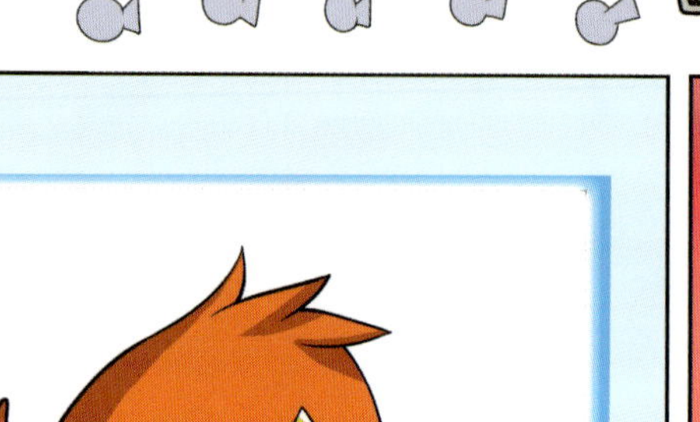

*기밀: 외부에 드러내서는 안 될 중요한 비밀.

*환풍기: 실내의 더러워진 공기를 바깥의 맑은 공기와 바꾸는 기구.

현상금이나 제대로
받을 수 있을까?
우리 사기 당하는
거 아니야?

일단 의뢰인을
먼저 만나 보자.
아무래도 수상해.
삑
삑

그런데 의뢰인은 새를 찾으러
나가서 연구소에는 아무도
없을 거라는데?
멈칫!

흐음~ 할 수 없네.
믿고 찾아보는
수밖에······.

저 구멍으로 새가 도망갔나 봐.
아, 저런
구멍이······.

우선 이 근처를 뒤져서 단서를 찾아보자.
난 저쪽을 찾아볼게.
그럼 난 이쪽을 볼게.

모두 참새들이네.
큭! 냄새!

혹시 이런 새 못 봤어?
구구?!

한편, 셜록네 일행은…….

여기가 바로
…….
철컥

사건이 일어난
장소다.
접근금지
접근금지
접근금지
접근금지

사건 현장이 *오염되는
것을 방지하기 위해서
붙여 놓은 거지.
선생님이 영화를 너무
많이 보셨어.
접근금지
접근금지
접근금지

*오염: 더럽게 물듦.

접근금지
접근

헤헤~
이 정도쯤이야.
왓슨 오빠,
고마워요.
EX

너도 좀 보고
배워라!
내가
뭘······.
덕지
덕지

내 눈에서 흐르는
것은 결코 눈물이
아니다. 콧물이다.
난 하나도
외롭지 않다.

선생님,
그런데······.
우
물
쭈
물

＊고약하다: 맛, 냄새 따위가 비위에 거슬리게 나쁘다.

* 편견: 공정하지 못하고 한쪽으로 치우친 생각.

* 보존: 잘 보호하여 남김.

짠~

흐음~
먼지가 정말 많군.

어라?
저건 뭐지?

단서야~
단서를 찾자.

아무것도 안 보이네.

턱
헉! 잠깐!

왈르르
에휴~ 늦었다.

하하하~ 요새 바빠서
빨래를 못 했더니…….
허겁
지겁

이건 혹시
선생님의 팬…….
EX

하하하~ 이리 줘!
팍

꺄아아악!!

왜 무슨 일이야?!

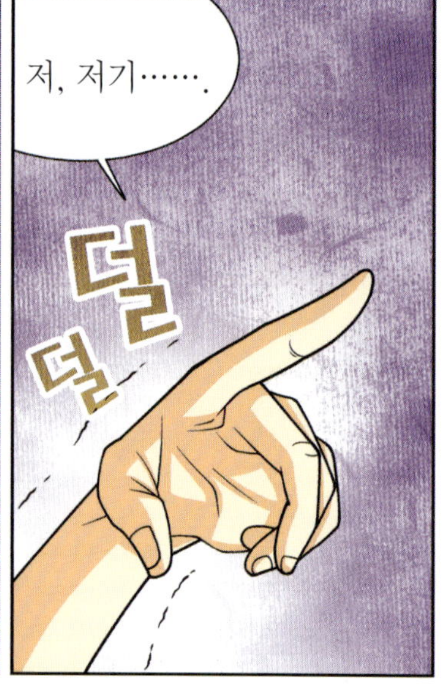

저, 저기…….
덜
덜

밥솥?
연기가 나는데?

두
둥
부글부글

도대체 밥통 안에 무엇을 만들고 계시는 거예요?!
밥통 안에 독극물이 있어!

아차차차차!
슈
앙
쾅

밥솥은 밥을 짓는
도구 아니었나요?

그, 그게 말이다.
한 세 달 전쯤에 밥을 했었던
것 같기는 한데……
하하하~ 그 뒤로 열어
보지도 않았더니……

지금 이게
중요한 게 아니지
않니? 얼른
사라진
반지의 단서를
찾아야지.
히
히

이 부엌에서는 사건이
발생하지 않았어.
으아악~
넘어진다!
제 발로
갈게요. 밀지
마세요.

어휴~
아무런 단서도 없네.

범인은 설마
유령인 걸까?
무슨 수법을
사용했는지
모르겠어.

아까부터 뭘 그렇게 생각하고 있는
거야? 단서를 찾았어?

저 창문을
봐 봐.

셜록이 발견한
단서가 뭐지? 난 아무것도
못 찾았었는데.
창문이 왜?
바둥
바둥

*환기: 탁한 공기를 맑은 공기로 바꿈.

새의 깃털이잖아요!
응? 나도 그런 깃털 찾았었어.

뭐? 정말? 어디에?
그 깃털 어떻게 했어?!

사건과 관련 없는 것 같아서 그대로 놔두었어.
후다닥

맞지?
척!

아무리 봐도 같은 새의 깃털 같아.
새의 깃털이 왜 있는 거지?
EX

설마?
범인을 알아냈니?

미끌..
앗, 과외 받을 시간이다.
띠 띠 띠 띠..

만화 영화 시작할 시간이야!
앗! 오늘 외식한다고 빨리 오라고 하셨는데!
시간이 벌써! 아빠가 걱정 하시겠다!

우르르..
그럼 저희 가보겠습니다!
내 반지는?!

내일 다시 조사할게요! 걱정 마세요!
과연 *장가는 갈 수 있을까?

*소득: 일한 결과로 얻은 정신적·물질적 이익.

*양식: 일정한 모양이나 형식.

다음 날, 학교
헐‥

두리번 두리번
뭐하는 거야?

해가 서쪽에서 떴는지 확인하는 거야.
왜?

그 이유야 네가 도서관에 가자고 하니까 그렇지.
킥
비틀
킥 킥‥

왜 이래! 나도 도서관쯤은 간다고!
그거야 우리가 끌고 가니까 가는 거지. 네 스스로 간 적은 없었잖아.
벌떡

꿍~
킥킥~ 셜록 오빠 도서관에는 왜 가는 거예요?
킥 킥‥

어제 우리가 찾은 깃털이 어떤 새의 깃털인지 조사해 보려고. 다른 단서가 전혀 없으니 그 깃털에라도 매달려 봐야겠어.

하아~ 하긴…….
선생님의 결혼은 나에게 달려 있다!
화르르..

그런데 우리 학교 도서관에 우리가 찾는 자료가 있을까요? 차라리 시립 도서관으로 가는 게 낫지 않을까요?

후후후~ 그런 질문이 나올 줄 알고 내가 다 준비를 했지.

가져와, 왓슨.
응, 준비해 왔어!

하여튼 왓슨 오빠는 너무 착해서 탈이라니까.
쯧쯧~ 또 왓슨을 부려 먹었군.

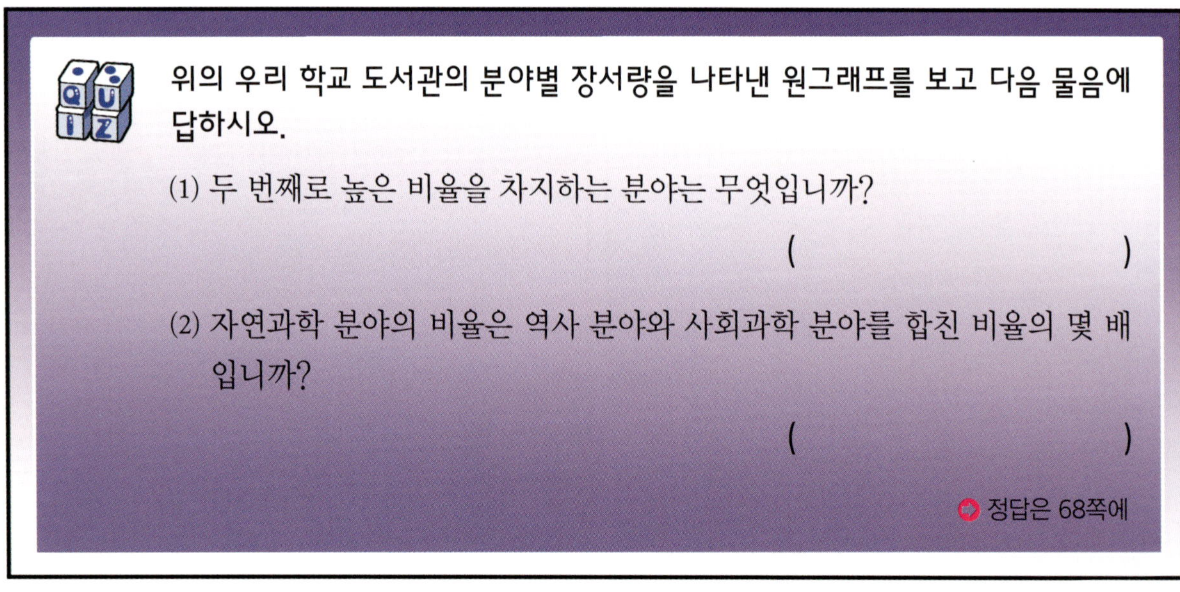

위의 우리 학교 도서관의 분야별 장서량을 나타낸 원그래프를 보고 다음 물음에 답하시오.

(1) 두 번째로 높은 비율을 차지하는 분야는 무엇입니까?

(　　　　　　　　　　)

(2) 자연과학 분야의 비율은 역사 분야와 사회과학 분야를 합친 비율의 몇 배 입니까?

(　　　　　　　　　　)

정답은 68쪽에

도서관

쉿, 도서관에서는 조용해야 하는 거 알지?
당연하지.

저기 있다.

덥
조류대백과
썩

Quiz 정답 (1) 문학 분야 (2) 3배

우당탕
쿵
쿵

팡
팡

복도에 나가서
손들고 있어.

이게 다 너
때문이야.
누가 먼저 시비를
걸었는데?

좋아! 다시 한번
붙어 보자!
원하는 바다!
벌
컥

턱
턱
으!
으!

도서관
탁

이게 다 너 때문이야!
너 때문이 잖아!
킥
킥
킥

우와! 집에 가자!
왁 자 지껄..
축구 할 사람!

에구구구~ 팔 아파.
킥킥~ 누가 도서관에서 큰 소리 내면서 싸우래?

이게 다 루팡 때문이야!
쯧쯧~ 루팡은 가만히 있는데 네가 먼저 시비 걸었잖아.
왈르르륵

아냐! 그 자식은 눈으로 시비를 건단 말이야.
휙
붕
붕
휙
휙

단서를 찾지 못해서 어떡해요?
그러게. 이 깃털은 어떤 새의 깃털일까?

방범용 C

바로 저거야!

뭐가?
언니는 알겠어요?
아니.

CCTV!
요즘 *방범 때문에 여기 저기 많이 설치하잖아!
*방범: 범죄가 생기지 않도록 미리 막음.

선생님 집 주위에도 있을 거야!
아!
맞아! 그게 있었지!

자, 다들 어서 가 보자!
우르르르...

72

셜록 때문에 조사도 못 했잖아! 두고 보자!
진정해. 진정. 우리들이 대신 다 조사했어.

로봇 새는 바로 까마귀였어.

까마귀는 산지, 숲, 농촌 인가 부근, 하천 부지, 공원 등에서 산대.

공원이라면……
맞아. 이곳에 있을 가능성이 가장 높아.
두리번
두리번

맞습니다. 가까이에 이렇게 큰 공원이 있는데 굳이 멀리 가진 않았을 것 같군요.

쿡쿡

끄덕

까.. 악..
까.. 악..

까치잖아?
까악
까악
까악

루팡, 저기에서
새소리가 들려.

다
다
다
다 다

두리번
두리번

저기 봐.

저기도 있어요.

좀 멀지만 저
카메라에서도 이곳이
찍힐 것 같아.
○○편의점

일단 가까운 곳부터
확인해 보자.
알았어.

 *성과: 이루어 낸 결실.

이제 저 편의점이 마지막 희망이네…….

딸랑
어서 오세요.

CCTV? 그건 왜?
누나, 혹시 저 CCTV 영상 좀 볼 수 있을까요?
사례는 제가 얼마든지 하겠습니다.
불쑥

낄 때 안 낄 때를 구분 못하지?
끄억! 나으뜸 살려!
콱

이 사람이 너희 담임 선생님이시라고? 맨날 지저분하게 다녀서 노숙자인 줄 알았는데.
이 분이 저희 담임 선생님인데요.

그래서 선생님을 노려봤구나.
킥..

선생님이 얼마 전에 반지를 도둑맞으셨어요.
저희는 그 사건을 조사 중이고요. 혹시 단서가 될 만한 게 찍혀 있을지 몰라서요.

그래서 CCTV에 찍힌 영상을 확인 좀 해 보고 싶은데 안 될까요?
아~ 이런 어쩌지?
꿀쩍
꿀쩍
저 CCTV는 모형이야.

이럴 수가 ……
마지막 희망이 었는데……

혹시 동호 원룸 2층?
턱

네. 맞아요.
그렇다면 내가 뭔가를 본 것 같은데……

뭔데요? 아주 사소한 거라도 말해 주세요!

난 그 원룸 맞은편에 살고 있거든. 이틀 전 오전에 맞은편 창문에서 새 한 마리가 입에 반짝이는 것을 물고 나오는 걸 봤어.
BOA

그 새는 어떻게 생겼어요?
이마에 하얀 무늬가 있던 것 같은데…….
딸랑

아! 바로 저 새야! 똑같이 생겼어!

응?

맞아! 바로 이 새야!
이 이마의 마름모 무늬! 내가
본 새가 확실해.

바운티 헌터스…….

레인저 탐정단…….

네비게이션X,
나가서 이야기
할까?

좋아, 나가서
얘기해.

아무래도 우린 서로 같은 *대상을 쫓고 있는 것 같은데?
불행히도 그렇군.

*대상: 어떤 일의 상대 또는 목표나 목적이 되는 것.

쟤네 무슨 영화 찍냐?
옷은 또 언제 갈아입었데?
꺅! 셜록 멋져!

흠흠~ *제안을 하나 하도록 하지.
제안 이라고?

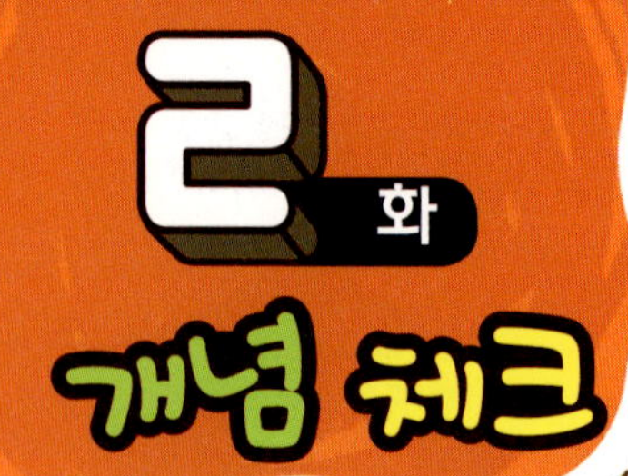

원그래프 알아보기

왓슨네 반 학생들이 가고 싶어하는 나라를 조사하여 나타낸 표입니다. 물음에 답하시오.

가고 싶어하는 나라

나라	영국	프랑스	캐나다	중국	합계
학생 수	12	9	6	3	30

(1) 전체 학생 수에 대한 각 나라에 가고 싶어하는 나라별로 백분율을 각각 구하시오.

영국: $\dfrac{12}{30} \times 100 = \boxed{}$ (%)

프랑스: $\dfrac{9}{30} \times 100 = \boxed{}$ (%)

캐나다: $\dfrac{6}{30} \times 100 = \boxed{}$ (%)

중국: $\dfrac{3}{30} \times 100 = \boxed{}$ (%)

(2) (1)에서 구한 백분율을 활용하여 원그래프를 그려 보시오.

가고 싶어하는 나라

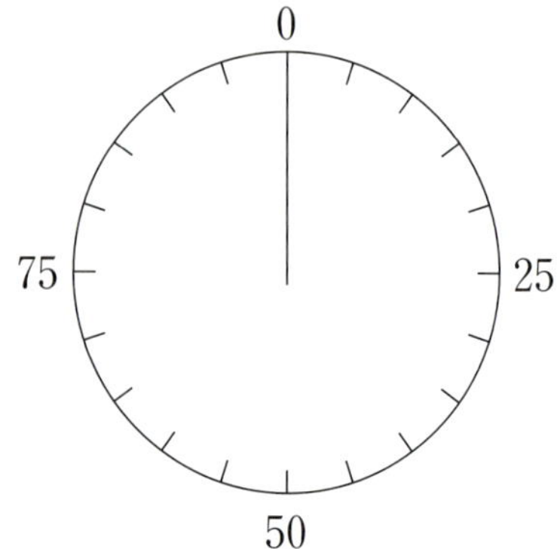

퀴즈 2

으뜸이네 아파트에서 일주일 동안 종류별 쓰레기 발생량을 조사했습니다. 물음에 답하시오.

헌 종이
35 %

음식물
25 %

유리병
15 %

플라스틱
10 %

고철
5 %

기타
10 %

(1) 표의 내용에 알맞게 원그래프를 그려 보시오.

쓰레기 발생량

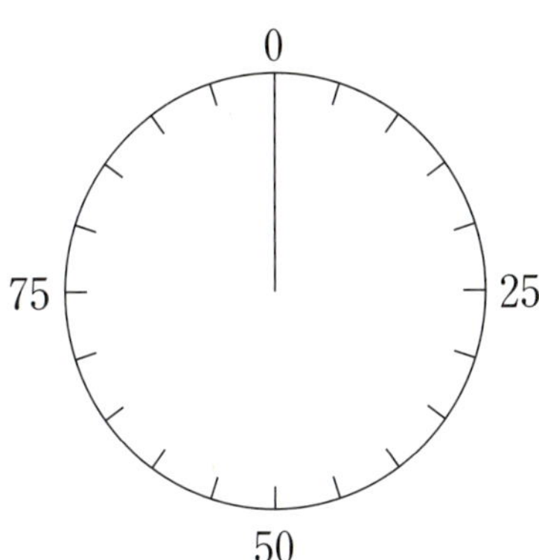

(2) 이 아파트에서 일주일 동안 가장 많이 발생한 쓰레기는 무엇입니까?

( )

(3) 이 아파트에서 일주일 동안 발생한 플라스틱 쓰레기가 30 kg입니다. 음식물 쓰레기는 몇 kg입니까?

( )

제 3 화
선생님의 청혼 반지를 찾아라!

*성립: 일이나 관계 따위가 제대로 이루어짐.

너희가 알고 있는 정보는 뭐지?
우리를 바보로 아나?
빠직

너희부터 말하는 게 어때? 아쉬운 건 우리가 아닌 것 같은데?
쳇! 어떻게 알았지?

그 새는 왜 찾고 있는 거야?

이 새는 사실 새가 아니라 로봇이야. 연구실에서 도망쳐서 우리가 찾아다니는 중이지.

새가 아니고 로봇이라고?

*습성: 습관이 되어 버린 성질.
*반려동물: 사람이 의지하고자 가까이 두고 기르는 동물.

반지?

사건 현장에
다른 단서는 전혀 없었고,
이 깃털 하나만
발견되었어.

목격자의 증언으로
범인이 바로 너희가
찾는 새라는 것이
밝혀졌지.

퍼
뚝
목격자가 새를
발견한 건 언제야?

이틀 전 오전이었나?

이틀 전?!
뭐?!

그때는 새가 연구소를 탈출한 직후야.
이틀 전 이라면…….

그렇다면 이 주위에 있다는 건데.
두리번
두리번

아니, 그걸 어떻게 확신해?

까마귀는 하천이나 공원, 숲 근처에서 산대.

까마귀가 탈출한 연구소는 여기고,
연구소와 가장 가까운 공원은 여기야.

그리고 의뢰인의 집은 바로 이곳이야.
연구소와 의뢰인의 집 근처에 공원은 이 공원 밖에 없어요.

주위에 하천이나 숲이 없으니 까마귀가 있을 곳은 이 공원 밖에 없지.

문제는 우리가 이 공원을 샅샅이 뒤졌지만 까마귀를 본 사람이 아무도 없다는 거야.
하아..

다음 날, 으뜸이네 집
짹 짹 짹

좋은 아침입니다. 도련님~
네, 안녕하세요. 이 비서님.

어제 말씀 드렸던 것은 어떻게 되었나요?

여기 있습니다.
로봇개의 반려동물 시장성 설문 조사

그렇습니까?

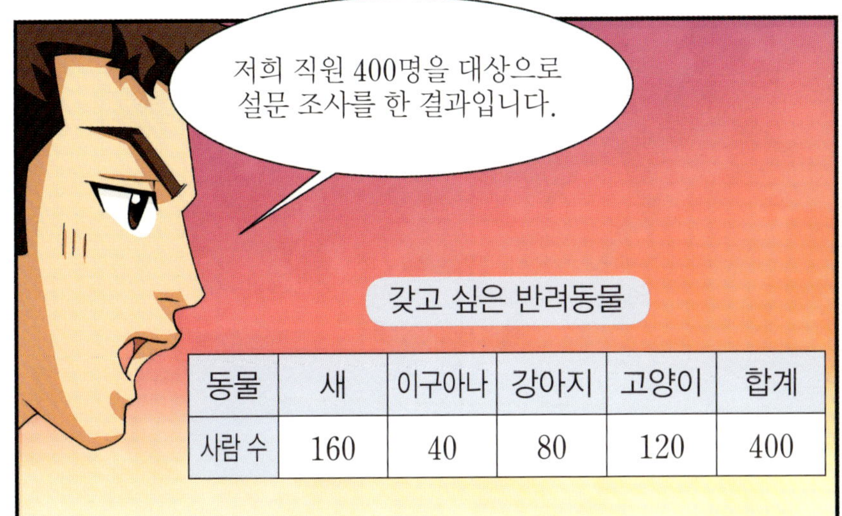

갖고 싶은 반려동물

동물	새	이구아나	강아지	고양이	합계
사람 수	160	40	80	120	400

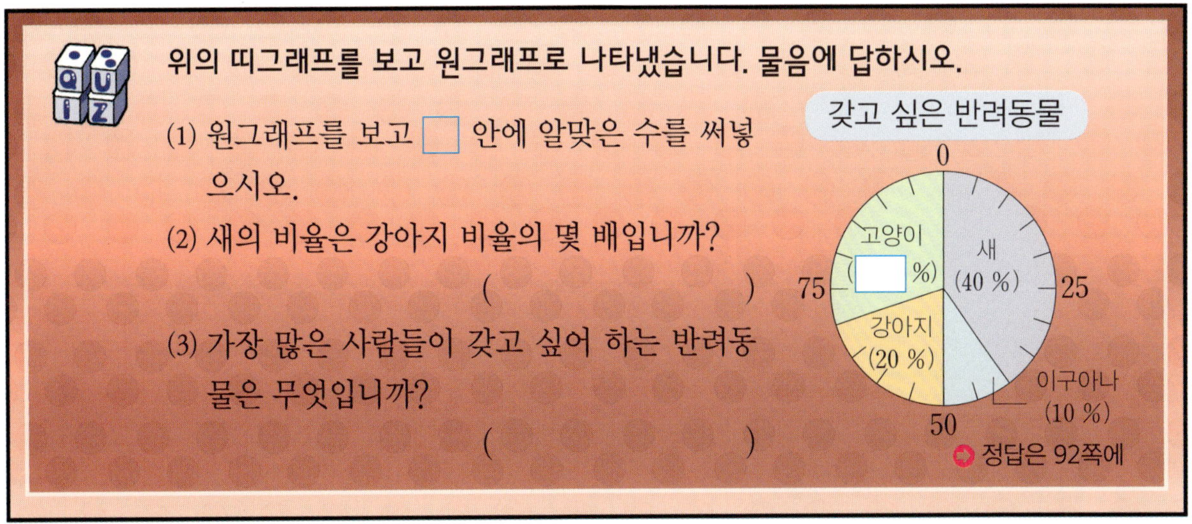

위의 띠그래프를 보고 원그래프로 나타냈습니다. 물음에 답하시오.

(1) 원그래프를 보고 □ 안에 알맞은 수를 써넣으시오.

(2) 새의 비율은 강아지 비율의 몇 배입니까?

(　　　　　　　　　　)

(3) 가장 많은 사람들이 갖고 싶어 하는 반려동물은 무엇입니까?

(　　　　　　　　　　)

 Quiz 정답 (1) 30 (2) 2배 (3) 새

*연봉: 일 년 동안에 받는 봉급의 총액.

*스카우트: 우수한 인재를 찾아 뽑음.

아, 그거였구나.
하아..

최고의 대우를
약속 드리죠.
최고의 대우?
불쑥

아~
탁

그런데
로봇 새가…….
알고 있습니다!
우물
쭈물

그 문제도 최선을 다해
도와 드리겠습니다.
레인저 탐정단과
바운티 헌터스가
뭉쳤으니 곧 찾을
수 있을 거야.
잘 부탁드리겠습니다.
무슨 일이 있어도
로봇 새를 찾아야
한다.

한편, 같은 시간의 학교 앞
하 하,,,
와
글
와
글

깍~ 루팡이 졸고 있어.
깍 깍,,,
너무 귀여워.

레나야!

괜찮아? 다리는 안 아파?
어제 너무 늦게 들어가서 혼나지는 않았어?
응, 괜찮아.

어제 아무것도 못 찾았는데 괜찮아?
괜찮아. 오늘도 있잖아.

얘는 왜 교문 앞에서 졸고 있는 거야?

셜록!
단서는 찾았니?!

기대
기대..
찾긴 찾았는데,
아직 갈 길이
멀어요.

흐음~
그래?
추
욱~

아아~ 난 이러다가
노총각이 될 거야.
흑흑~ 역시
내 인생에 결혼이란
없는 것일까?
결혼하고 싶은
사람을 드디어
만났는데 프러포즈도
못하다니…….
평생 결혼 한 번
못해 보고 늙어
죽겠구나.
비틀
비틀

드르륵

부시럭

하아~

사진 찍어 왔어?
응~ 여기.
도대체 어떻게 해야 로봇 새를 찾을 수 있지?

정말 특이하다. 이마에 다이아몬드 무늬가 있는 까마귀라니.
헤헤~ 세상에 단 하나밖에 없어.
뭐? 이마에 다이아몬드?
벌떡

스윽..
응?

찾았다!

왓슨! 애거서!
나으뜸! 어서 와 봐!
찾았어!

우르르르
정말이야?!

저거 설마?
맞는 것 같은데?

우리 할아버지가
만들어 주신
거란 말이야!

내 까마귀를
너희가
왜 찾아?!

뭐?!
이게 무슨
말이야?

뭐라고?!
뭐?!

누구야?!
드르륵

누가 있어?
아니. 잘못 들었나 봐.
탁

휴~

할아버지가 만들어 주신 거라고?
좀 더 자세히 이야기 해 봐.

아니 그것보다 이 까마귀랑 같이 살아?
응. 우리 집 정원에 있어.
불쑥

그럼 당장 가자. 반지부터 찾아야지.
바운티 헌터스에게 말해야 하지 않아?

에이~ 내버려 둬!
뭐라고?!
벌떡

엇! 바운티 헌터스!
뭐야? 너희가 여긴 어떻게 온 거야?
흥~

알아서 뭐하게? 그 보다 약속은 지키라고 있는 거다!

쳇~
이 까마귀를 너희 할아버지가 만들어 주신 게 맞아? 증거는 있어?

응. 집에 가면 있어.

민지의 집
꺅꺅아~
까악~!

까악
까악
다녀왔어~
너도 잘 놀았니?
꺅~!

맞아! 맞아!
바로 이 까마귀야!
이마의 노란색
마름모! 확실해.
이 까마귀의 집은
어디야?

저기에 있네.

우리는 이 까마귀를
만들었다는 연구원에게
찾아 달라는 의뢰를
받았어.
너희 할아버지가
만들었다는 증거를
보여 줘.

할아버지가 꺅꺅이를 만들 때 나도 옆에 있었어! 사진 찍은 것도 있단 말이야!
까악~!

사진을 보여 줄게!

우리도 가 보자.
어떻게 해야 하지?
내가 올라간다!
갈팡
질팡

사건 해결보다는 사업이 더 중요하지.
종 종

여기가 할아버지 연구실이야.

깍깍이는 할아버지가 몇십 년이나 연구를 하셔서 만들었어.
저 테이프에는 깍깍이의 제작 과정을 담은 영상이 들어 있어.

이 사진은 뭐야?
깍깍이는 나의 소중한 친구야.
꺄악~!

할아버지께서 깍깍이의 깃털을 붙이는 것을 엄마가 찍어 주신 거야.

음…….

누가 도대체 연구실을 어지럽혀 놓은 거야? 짐작 가는 거라도 있어?

으~
조금만 더 뻗으면 닿을 것 같은데.

뭐하냐?

여기 사다리가 있는데요?

아쉽다. 조금만 더 하면 될 것 같았는데.
주르륵

아니거든!

반짝이는 물건들을
많이 모아 놓았네.

턱

선생님 반지
찾았어?
응.
찾았어.

와! 정말이다!

와아
와아
사건 해결!

아마 할아버지의 조수였던 이호 오빠가 한 일 같아. 할아버지가 돌아가시고 몰래 할아버지의 연구 자료와 꺅꺅이를 데리고 사라졌거든.

이 의뢰인이라는 사람이 아주 나쁜 사람이었구나.
화르르.
끄덕

얼마 전에 꺅꺅이가 돌아와서 난 이호 오빠가 돌려준 줄 알았거든.

꺄악 꺄악
그게 아니었구나.
픽

응. 알았어. 위로해 줘서 고마워~
꺄악~!

*현행범: 범죄를 실행하는 중이거나 실행한 직후에 잡힌 범인.

*절도: 남의 물건을 몰래 훔침.

후훗~ 감히 우릴 속이려 하다니!
난 당하고는 못 살지!
근데 뭔가 잊어버린 것 같은데.

맞다! 현상금!!

앗! 안 돼!!
잠깐만 기다려요!

부우웅..

거기 서!
현상금은 주고 가야지?!

다음 날 오후,
선생님 여자 친구의 집

무슨
일이지?

이 꽃들은
뭐지?

*청혼: 결혼하기를 청함.

쑤욱

너무 감동
적이야.

펄럭

결혼해 주세요~

좋아요!!
앗!
와락

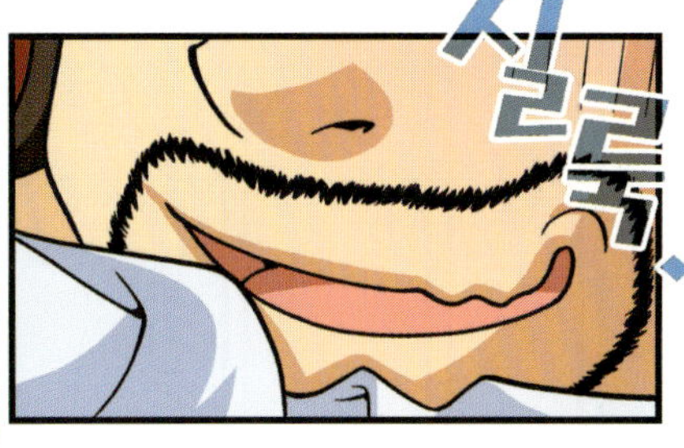
실룩..

드디어
나도 장가간다!!

성공이다!

잘했어!
꺄악~!

웨딩

여기야.
빨리 와! 빨리!

뛰고
있거든!

저기 선생님이다!
우ㄹㄹㄹ

하하하~ 저희 결혼식에 와 주셔서 감사합니다.

저기 좀 봐. 진짜 좋으신가 봐. 웃음이 끊이질 않네.

나도 결혼하고 싶다. 아니 여자 친구라도 있었으면 좋겠다.

신부대기실

여기야?
응. 여기가 신부가 있는 곳이 맞는 것 같아.
신부대

우와~ 정말 예쁘다.
웨딩드레스도 정말 예뻐.

눈부시다!

삐걱
삐걱
삐걱
신랑 입장~
킥킥..

신부도 입장해 주세요.
오오오..

결혼식장에 온 이 여자아이는 누구일까요?
18권에서 계속.

비율 그래프 알아보기

달걀의 성분

성분	수분	지방	단백질	기타
백분율 (%)	45	35		5

(1) 달걀에서 단백질은 몇 % 입니까?

(   )

(2) 조사한 결과를 보고 원그래프를 그려 보시오.

달걀의 성분

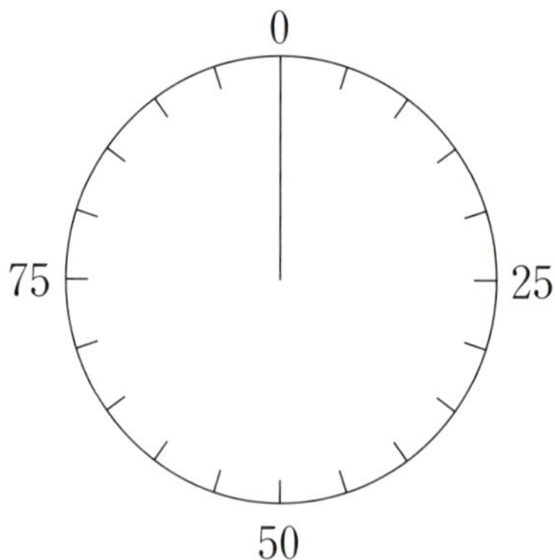

(3) 달걀 100 g을 먹으면 단백질은 몇 g을 섭취하게 됩니까?

(   )

퀴즈 2 으뜸이는 하루에 3시간씩 공부합니다. 물음에 답하시오.

(1) 표를 완성하시오.

공부하는 시간

과목	수학	국어	영어	기타	합계
시간(분)					
백분율(%)					

(2) 표를 보고 띠그래프를 그려 보시오.

공부하는 시간

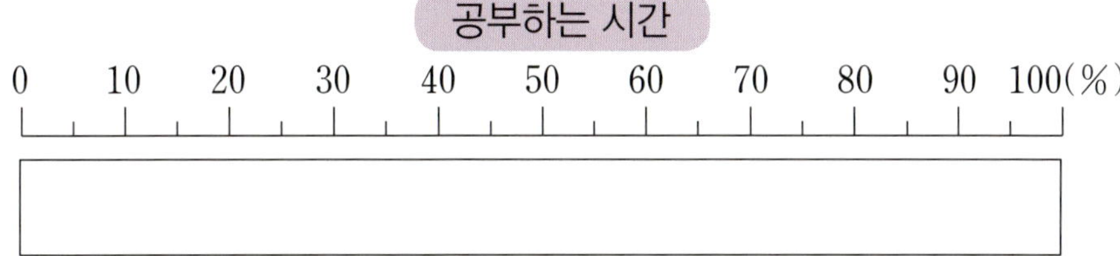

(3) 표를 보고 원그래프를 그려 보시오.

공부하는 시간

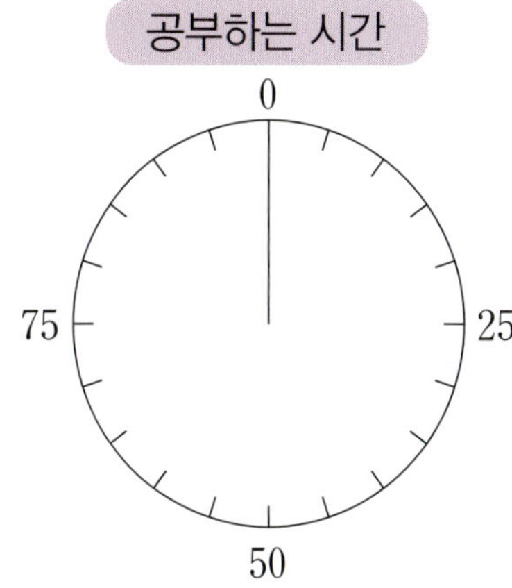

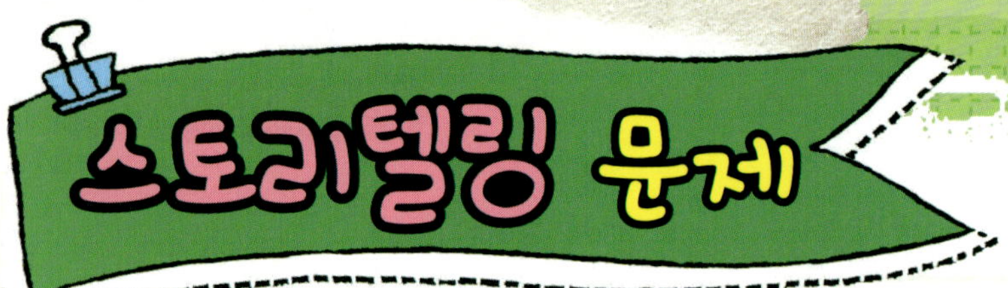

좋아하는 계절

0 10 20 30 40 50 60 70 80 90 100 (%)

봄 (30 %)	여름 (20 %)	가을 (20 %)	겨울 (30 %)

띠그래프 그리기
① 각 항목이 차지하는 백분율을 구합니다.
② 백분율의 합계가 100 % 가 되는지 확인합니다.
③ 각 항목들이 차지하는 백분율만큼 띠를 나누고 명칭과 백분율의 크기를 씁니다.
④ 띠그래프의 제목을 씁니다.

1 셜록네 반 학생들이 좋아하는 동물을 조사하여 나타낸 표입니다. 띠그래프를 완성하시오.

좋아하는 동물

동물	호랑이	토끼	강아지	기타	합계
백분율(%)	25	20	40	15	100

좋아하는 동물

0   10   20   30   40   50   60   70   80   90   100(%)

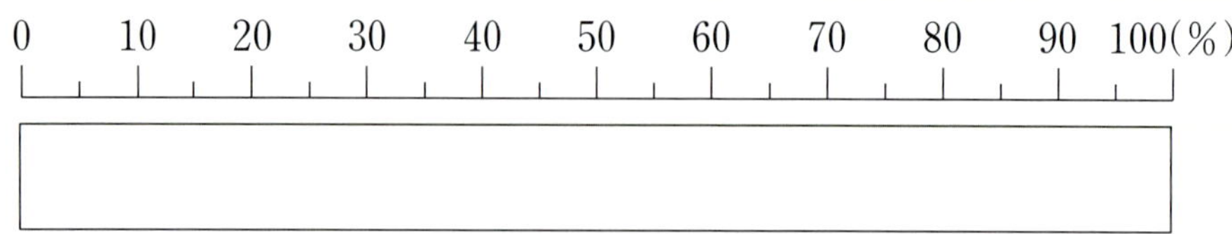

개념 스토리 2   띠그래프 해석하기

🌱 으뜸이가 하루에 먹는 영양소를 조사하여 나타낸 띠그래프입니다. 물음에 답하시오. (**2 ~ 3**)

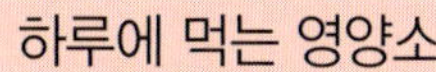
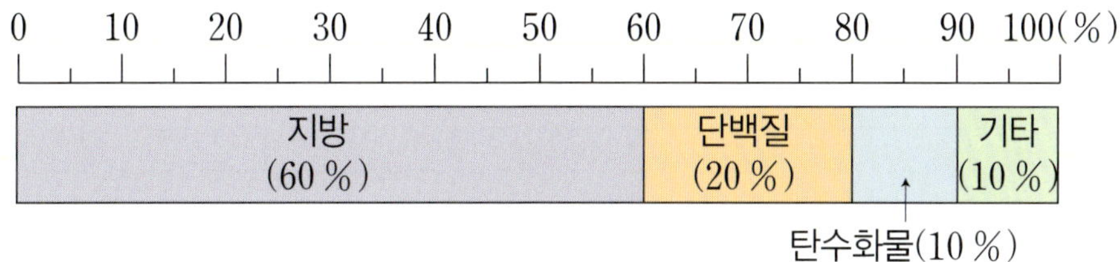

2   으뜸이가 하루에 먹는 지방은 탄수화물의 몇 배입니까?

(   )

3   단백질이 차지하는 비율은 탄수화물이 차지하는 비율보다 몇 %p 높습니까?

(   )

개념 스토리 3 원그래프 알아보기

원그래프 그리기
① 각 항목이 차지하는 백분율을 구합니다.
② 백분율의 합계가 100 %가 되는지 확인합니다.
③ 각 항목들이 차지하는 백분율만큼 원을 나누고 명칭과 백분율의 크기를 씁니다.
④ 원그래프의 제목을 씁니다.

4 으뜸이네 반 친구들이 좋아하는 색을 조사하여 나타낸 표와 원그래프입니다.
원그래프의 ☐ 안에 알맞은 수를 써넣으시오.

좋아하는 색

색깔	빨강	파랑	노랑	기타	합계
백분율(%)	30	30	25	15	100

좋아하는 색

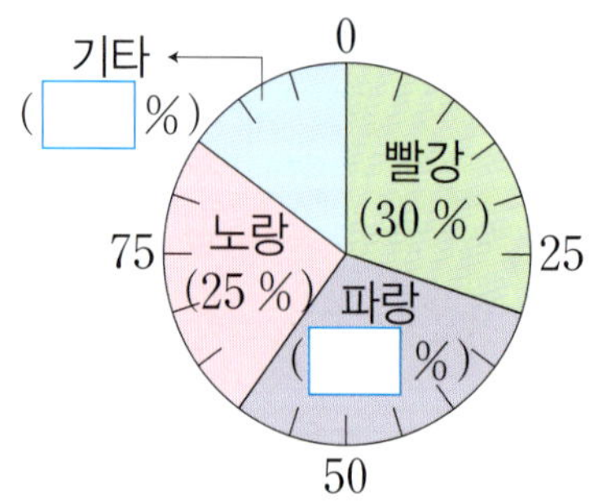

개념 스토리 4 원그래프 해석하기

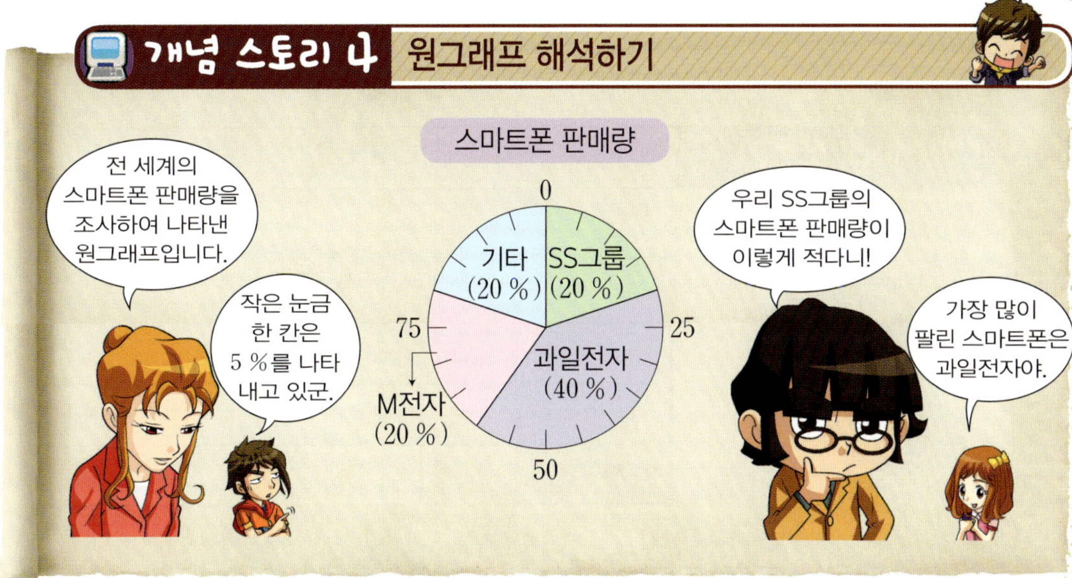

 왓슨이 스마트폰으로 하는 일을 조사하여 나타낸 원그래프입니다. 물음에 답하시오. (**5 ~ 6**)

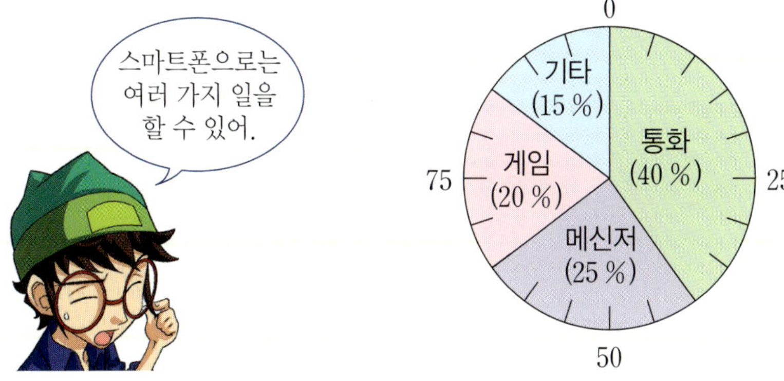

5 두 번째로 높은 비율을 차지하는 항목은 무엇입니까?

(   )

6 통화가 차지하는 비율은 게임이 차지하는 비율의 몇 배입니까?

(   )

개념 스토리 5 자료를 그래프로 나타내고 활용하기

공부한 시간

과목	수학	국어	영어	기타	합계
시간(분)	63	45	36	36	180
백분율(%)	35	25	20	20	100

공부한 시간

0 10 20 30 40 50 60 70 80 90 100 (%)

수학 (35 %)	국어 (25 %)	영어 (20 %)	기타 (20 %)

7 위의 띠그래프를 보고 원그래프를 그리시오.

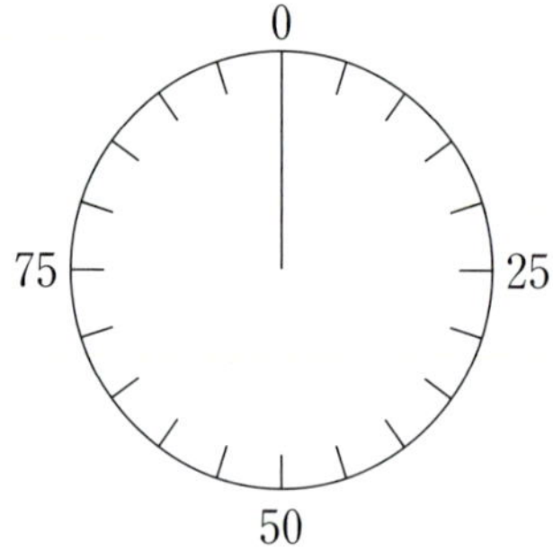

8 **7**의 원그래프의 반지름이 8 cm일 때 국어가 차지하는 부분의 넓이는 몇 cm^2 입니까? (원주율: 3)

(   )

 으뜸이네 학교 자판기에서 하루에 판매되는 음료의 수를 조사하여 나타낸 표입니다. 물음에 답하시오. (**9 ~ 11**)

하루에 판매되는 음료

음료	망고 주스	바나나 주스	사이다	기타	합계
수	70		30	40	200
백분율 (%)					

9 바나나 주스는 몇 개 판매되었습니까?

(   )

10 표의 빈칸에 알맞은 수를 써넣으시오.

11 표를 보고 원그래프를 그리시오.

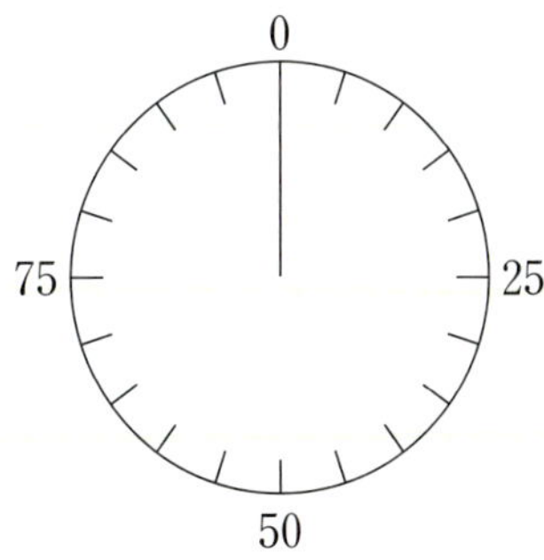

1 다음 삼각형의 가운데 있는 수는 세 꼭짓점에 있는 수들의 평균입니다. ㉠에 알맞은 수를 구하시오.

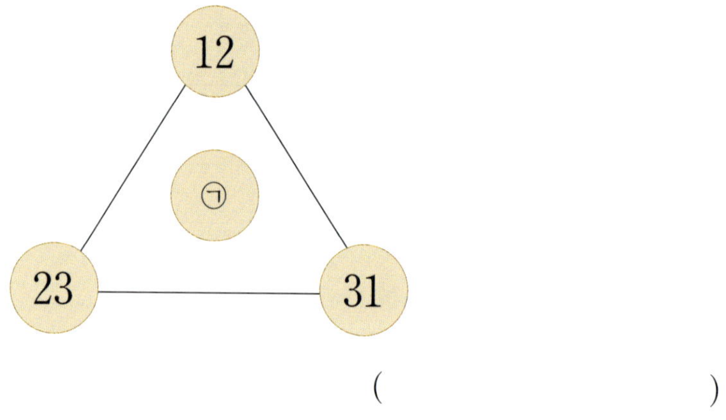

(   )

2 다음 사각형의 가운데 있는 수는 네 꼭짓점에 있는 수들의 평균입니다. ㉠에 알맞은 수를 구하시오.

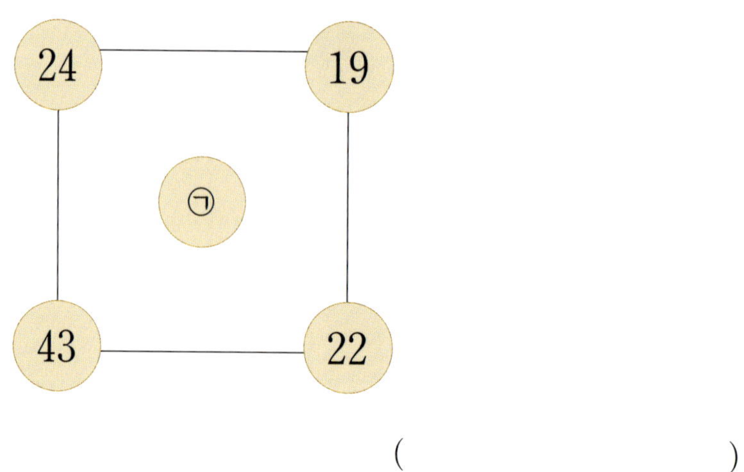

(   )

정답은 135쪽에

3 다음 오각형의 가운데 있는 수는 다섯 꼭짓점에 있는 수들의 평균입니다. ㉠에 알맞은 수를 구하시오.

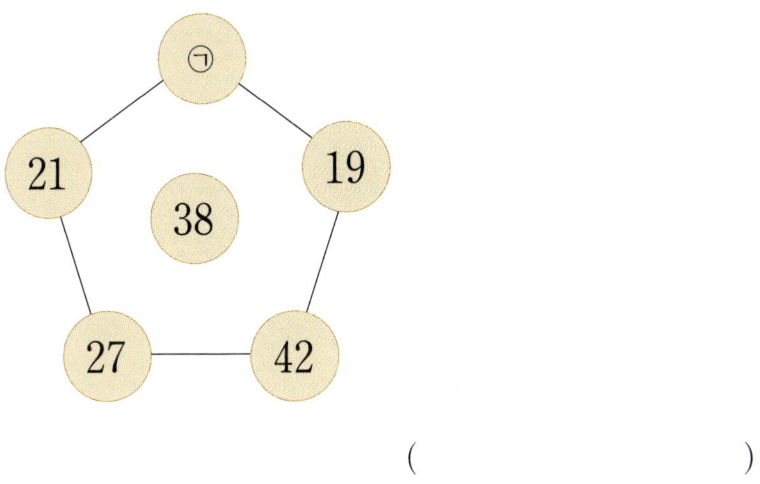

(   )

4 다음 삼각형의 가운데 있는 수는 세 꼭짓점에 있는 수들의 평균입니다. ㉠+㉡의 값을 구하시오.

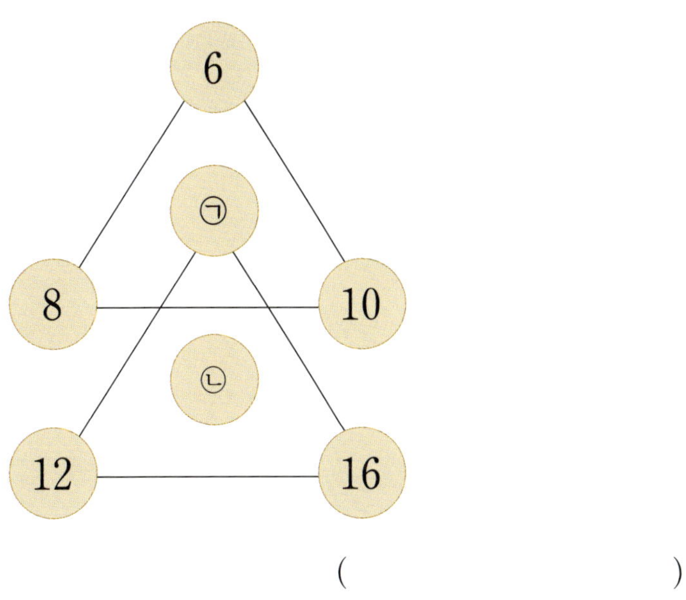

(   )

5 다음 오각형의 가운데 있는 수는 다섯 꼭짓점에 있는 수들의 평균입니다. ㉠+㉡의 값을 구하시오.

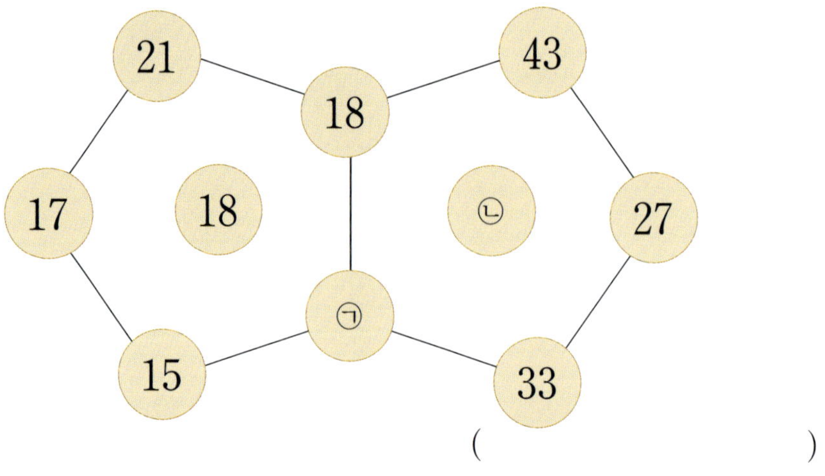

(   )

6 다음 사각형의 가운데 있는 수는 네 꼭짓점에 있는 수들의 평균입니다. ㉠+㉡의 값을 구하시오.

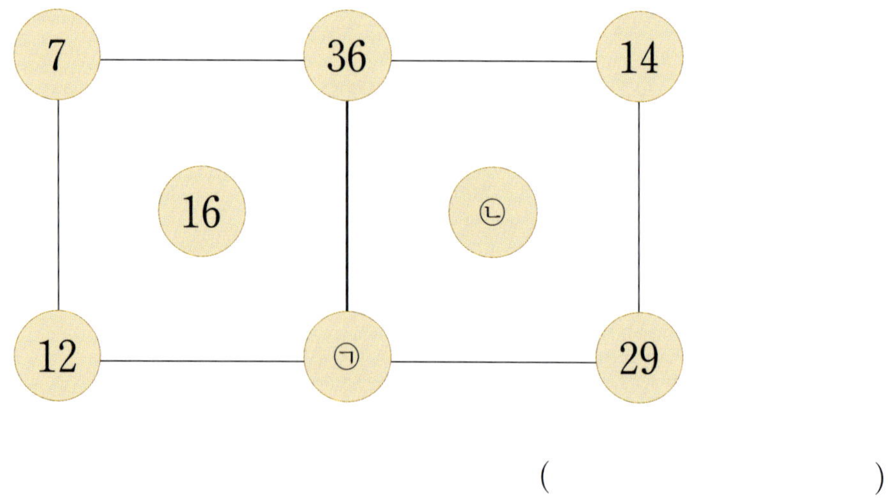

(   )

6개 이상 맞으면 테스트 통과!!

7 ㉠, ㉡은 어떤 수를 나타내고 ㉠, ㉡은 각각 4개의 수로 둘러싸여 있습니다. ㉠, ㉡이 각각 네 수의 평균일 때 ㉠+㉡의 값을 구하시오.

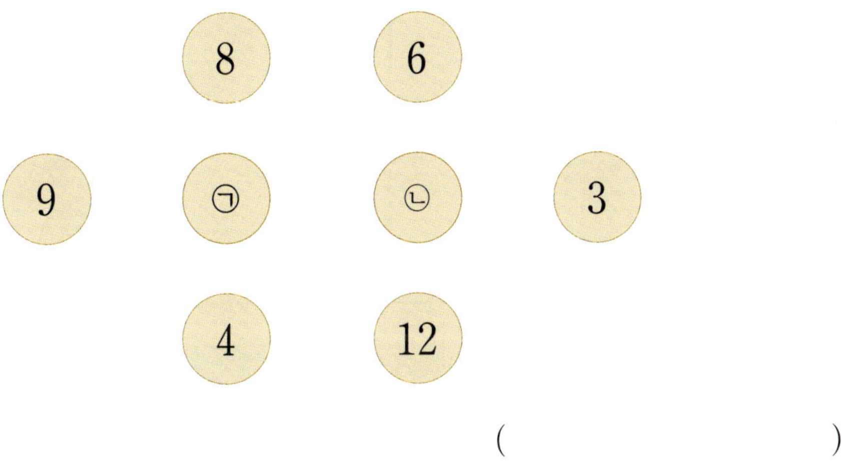

(   )

8 다음 그림은 ㉠~㉅의 학생들이 둘러선 그림이고, 각각의 수는 양쪽 옆의 학생이 좋아하는 수를 더하여 2로 나눈 것입니다. ㉢ 학생이 좋아하는 수를 구하시오.

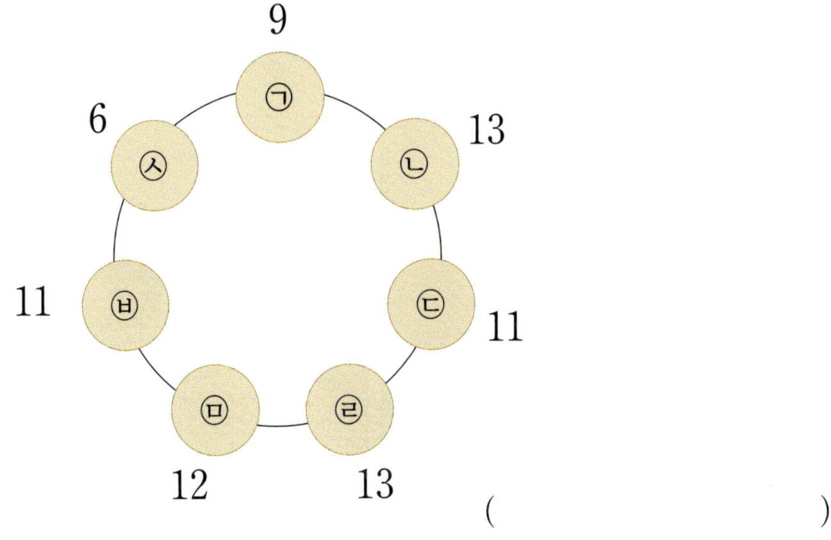

(   )

왜 결혼할 때는 반지를 선물하지?

영화에서 비밀 편지 같은 데 초를 녹여 봉인하고 그 위에 인장을 찍는 장면을 본 것 같아.
이 인장을 찍어야 내가 쓴 편지인 걸 알 거야.

응. 인장 반지는 금고를 열 때 열쇠로도 사용되었어. 매우 다양하게 사용되었지.
이 인장이 있어야 금고를 열 수 있지.

당시 유럽에는 크고 작은 전쟁이 빈번해 남자들은 전쟁터로 자주 나갔어.
이 인장 반지를 전쟁터에서 잃어버리면 안 되는데 어디에 두고 가지?

이때 남자들은 가장 믿을 수 있는 사람인 배우자에게 주로 인장을 맡겼어.
우리 가문의 인장을 맡아 주시오.
네. 염려 마세요. 부디 조심히 다녀오세요.

이처럼 부인에게 건네는 인장 반지는 사랑과 신뢰의 상징이 되고 이것이 결혼반지로 전해져 내려온 것이래.
우리 가문의 중요한 물건을 맡았으니 잘 간직하고 남편을 기다려야겠다.

와아~ 처음 알게 되었어. 결혼반지에 이렇게 멋진 사연이 있었구나.

정답과 풀이

1화 개념 체크 42~43쪽

퀴즈 1

(1) 35, 25, 30, 10

(2)

0 10 20 30 40 50 60 70 80 90 100(%)
책 (35 %)	학용품 (25 %)	옷 (30 %)	장난감 (10 %)

퀴즈 2

(1) 3등급   (2) 5배   (3) 60명

풀이

2 (1) 띠그래프에서 길이가 가장 긴 것은 3등급입니다.

(2) 2등급: 25 %, 5등급: 5 %
⇨ $25 \div 5 = 5$(배)

(3) 20 %가 12명이라면 100 %는 60명입니다.

2화 개념 체크 82~83쪽

퀴즈 1

(1) 40, 30, 20, 10

(2)

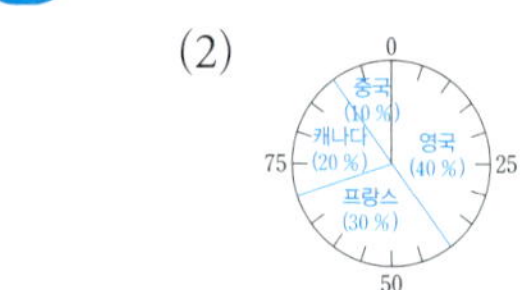

퀴즈 2

(1)

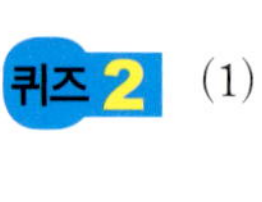

(2) 헌 종이   (3) 75 kg

풀이

2 (2) 원그래프가 차지하는 부분이 가장 넓은 것은 헌 종이입니다.

(3) 10 %가 30 kg이라면 100 %는 300 kg입니다. 따라서 전체 쓰레기의 무게는 300 kg이고 음식물 쓰레기는 $300 \times 0.25 = 75$ (kg)입니다.

3화 개념 체크 120~121쪽

퀴즈 1

(1) 15 %

(2)

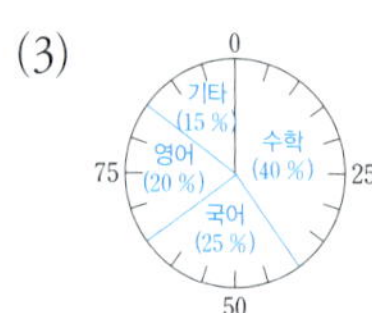

(3) 15 g

퀴즈 2

(1) 72, 45, 36, 27 180;
40, 25, 20, 15, 100

(2)

0 10 20 30 40 50 60 70 80 90 100(%)
수학 (40 %)	국어 (25 %)	영어 (20 %)	기타 (15 %)

(3)

풀이

1 (3) (단백질의 양)
$= 100 - 45 - 35 - 5 = 15$ (%)

1시간 12분=60분+12분=72분

2 (1) (수학) $= \dfrac{72}{180} \times 100 = 40$ (%)

(국어) $= \dfrac{45}{180} \times 100 = 25$ (%)

(영어) $= \dfrac{36}{180} \times 100 = 20$ (%)

$180 - 72 - 45 - 36 = 27$(분)

(기타) $= \dfrac{27}{180} \times 100 = 15$ (%)

스토리텔링 문제 122~127쪽

1

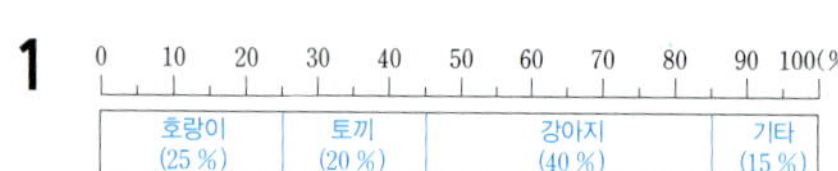

0 10 20 30 40 50 60 70 80 90 100(%)
호랑이 (25 %)	토끼 (20 %)	강아지 (40 %)	기타 (15 %)

2 6배   **3** 10 %p

4 (위에서부터) 15, 30

5 메신저 **6** 2배

7 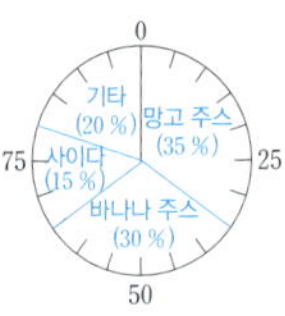

8 48 cm²

9 60개

10 (위에서부터) 60, 35, 30, 15, 20, 100

11

풀이

3 단백질이 차지하는 비율은 탄수화물이 차지하는 비율보다 $20-10=10(\%\,\mathrm{p})$ 높습니다.

6 통화: 40 %, 게임: 20 %
$\Rightarrow 40\div20=2$(배)

8 (원 전체의 넓이)$=8\times8\times3=192\ (\mathrm{cm}^2)$
(국어가 차지하는 부분의 넓이)
$=192\times0.25=48\ (\mathrm{cm}^2)$

9 $200-70-30-40=60$(개)

10 (망고 주스)$=\dfrac{70}{200}\times100=35\ (\%)$

(바나나 주스)$=\dfrac{60}{200}\times100=30\ (\%)$

(사이다)$=\dfrac{30}{200}\times100=15\ (\%)$

(기타)$=\dfrac{40}{200}\times100=20\ (\%)$

두뇌킹 퀴즈   128~131쪽

1	22	**2**	27	**3**	81
4	20	**5**	47	**6**	31
7	14	**8**	7		

풀이

2 $\dfrac{24+43+22+19}{4}=\dfrac{108}{4}=27$

3 $\dfrac{\textㄱ+21+27+42+19}{5}=38,$
$\textㄱ+109=190,\ \textㄱ=81$

4 $\textㄱ=\dfrac{6+8+10}{3}=\dfrac{24}{3}=8$

$\textㄴ=\dfrac{8+12+16}{3}=\dfrac{36}{3}=12$

$\Rightarrow \textㄱ+\textㄴ=8+12=20$

5 $\dfrac{21+17+15+\textㄱ+18}{5}=18,$
$71+\textㄱ=90,\ \textㄱ=19$

$\textㄴ=\dfrac{18+19+33+27+43}{5}=28$

$\Rightarrow \textㄱ+\textㄴ=19+28=47$

6 $\dfrac{7+12+\textㄱ+36}{4}=16,$
$55+\textㄱ=64,\ \textㄱ=9$

$\textㄴ=\dfrac{36+9+29+14}{4}=22$

$\Rightarrow \textㄱ+\textㄴ=9+22=31$

7 $\textㄱ=\dfrac{9+8+4+\textㄴ}{4},\ 21+\textㄴ=\textㄱ\times4$

$\textㄴ=\dfrac{\textㄱ+6+3+12}{4},\ \textㄱ+21=\textㄴ\times4$

$21+\textㄴ=\textㄴ\times16-84,$
$105=\textㄴ\times15,\ \textㄴ=7,\ \textㄱ=7$

$\Rightarrow \textㄱ+\textㄴ=7+7=14$

8 각 학생들이 좋아하는 수를 ㉠, ㉡, ㉢, ㉣, ㉤, ㉥, ㉦이라고 하면 ㉠+㉡+㉢+㉣+㉤+㉥+㉦
$=9+13+11+13+12+11+6=75,$
㉣+㉥$=24$, ㉠+㉢$=26$, ㉡+㉦$=18$
따라서 ㉤$=75-24-26-18=7$입니다.

1:1 맞춤학습의 해결사

해법수학교실

새 교과서 전용교재, 해법수학교실	• 6단계 교재와 7단계 평가 시스템 • 스토리텔링 수업 교재 • 토론 & 발표 수업
1:1 맞춤 온라인서비스, key	• 학습자의 수준에 맞춘 1:1 수학 클리닉 시스템 • 선행·심화를 위한 유명강사의 전문항 강의 • 난이도별로 자동 출제되는 문제 출제 마법사

상담문의 **02-857-3200** **www.hbmath.co.kr** 해법수학교실